■ シリーズ ふるさと春日井学
ふるさと春日井の近代化風景 ④

福澤諭吉と 林金兵衛

近代化構想と地方の苦悩

河地 清、西澤 直子

「ふるさと春日井学」研究フォーラム

三恵社

まえがき

　このブックレットでは「福澤諭吉と林金兵衛——近代化構想と地方の苦悩——」と題して、春日井における地租改正をめぐる二人の関わりを取り上げました。

　福澤諭吉は、日本の近代化の礎を築いた啓蒙思想家であり、慶應義塾の創立者で教育者として名高い人物です。林金兵衛は、現在の春日井市上条町(和爾良村)に位置する上条城跡の敷地に生まれました。林家は、木曾義仲の重臣で四天王の一人、今井四郎兼平を祖とし、代々地域の村落指導者として、村民の信頼も厚い名家の家柄であったと言われています。幕末維新期には、尾張藩藩主徳川慶勝の信任も篤く、藩命を受け忠勤に励みました。

　林金兵衛の名が広く世の中に知られるようになったきっかけは、地租改正の際の地租軽減嘆願運動を粘り強く続ける過程で、当時のオピニオンリーダー福澤諭吉に出会ったことでした。福澤は林の鬼気迫る覇気に心を動かされ、林は福澤を「顔四角で大きく左頬に大きなほくろあり」「福澤先生は、大先生なり」と評し、人物の大きさに感服しています。

　困難な「地租軽減嘆願運動」は、福澤の適切な指導と、それを忠実に実践した林の行動の賜物であったと評価されるものでした。全国では死者や逮捕者が続出していた中で、一人の犠牲者も逮捕者も出さず穏健な収束が出来たのは、福澤の時局を見る見識と、林の義気を貫く信念が見事に結合した結果であったと言って良いでしょう。

このブックレットの作成にあたっては、「ふるさと春日井学」研究フォーラムにおける各回の発表を掲載した以下の『会報』を参照し、それらに加筆の上、書き直しを致しました。

　①第10回『ふるさと春日井の近代——ふるさと春日井の危機を救った林金兵衛』(2013.11.16)、②第15回『下街道の歴史遺産——鳥居松の歴史と飯田重蔵(郷土館)について——』(2014.5.21)、③第21回『石に刻まれたふるさとの歴史——「林金兵衛君碑」を中心に——』(2014.11.3)、④第48回『明治10年代における「地域再生」——春日井郡の自力更生運動を中心に——』(2017.1.25)、⑤第56回『林金兵衛とはどんな人物か』(2018.1.20)、⑥第58回『ふるさと春日井の明治維新150年』(2018.4.2)、⑦第62回『まちづくりと歴史遺産の継承——飯田重蔵別邸と下街道——』(2018.9.8)、⑧第64回『ふるさと春日井の危機を救った人々——福澤諭吉と林金兵衛——』(2018.11.17)。

　そして、第64回『ふるさと春日井の危機を救った人々——福澤諭吉と林金兵衛——』(2018.11.17)では、慶應義塾福澤研究センター教授西澤直子氏に、福澤諭吉から見た林金兵衛について発表をいただきました。その時の発表は、第2部に加筆の上まとめられています。

目　　次

第二部　福澤諭吉と林金兵衛　　地方名望家への期待

はじめに　近代化構想とふるさと春日井の苦悩

　明治維新以後、春日井の地域にも近代化の波が、好むと好まざるとにかかわらず、様々な形で押し寄せてきました。和爾良村(現在の鳥居松町・上条町・下条町他)を中心とする春日井全域の村々も、例外ではありませんでした。明治新政府の推し進める近代化構想は、富国強兵、殖産興業をスローガンとして、西洋諸国に追いつき追い越す国づくりを目指すものでした。とりわけ、産業の近代化と国力の強化は急務の課題でした。そうした課題と目標を達成するために、強固な財政基盤の確保は明治新政府にとって最重要課題であったわけです。

　地租改正事業は、近代的税制の確立という点で、近代国家日本の確立に重要な意味をもっていたと言えます。しかしこの改正事業の遂行は、困難を極め難航しました。全国的に農民の反発・抵抗は野火のように広がりをみせ、県や政府との衝突が各地で相次ぎました。この春日井郡(小牧・春日井・北名古屋市の一部他)を中心とした広範な地域でも「地租改正騒擾」が巻き起こりました。

　林金兵衛は、和爾良村の村落指導者として周辺の四十三ヶ村とともに愛知県への嘆願、東京地租改正局への嘆願を繰り返して行くことになります。それは明治 8(1875)年〜明治 12(1879)年の足かけ 5年に及ぶ長い闘いでした。明治 11(1878)年 4 月、福澤諭吉との偶然ともいえる出会いによって事態は大きく変わっていくこととなりました。

明治新政府による近代化構想が推し進められる社会環境の中で、地域の村落指導者・林金兵衛は歴史的国家プロジェクト「地租改正事業」に直面し、村落農民と官との狭間で苦悩と葛藤を強いられることとなったのです。しかし他方では、福澤諭吉との出会いによって次第に福澤の思想に傾倒して行く金兵衛の姿がありました。それは、金兵衛自身の近代化への目覚めの萌芽といってもよいものでした。

　福澤諭吉と林金兵衛との人間的接触からは、「地租改正事業」という出来事を通じて近代化して行く社会の中で、苦悩し葛藤して行く人間の姿が見えてきます。

第一部　林金兵衛とは、どんな人物であったのか

　「人が時代を創り時代は人を創る」という歴史の教訓があります。人間「林金兵衛」とは、その時代の中でどのような人物であったのでしょうか。「林金兵衛」研究は、小牧市の郷土史家津田応助編著『贈従五位林金兵衛翁』によって研究史の嚆矢となりました。明治維新史研究の中では維新の功臣として、日本資本主義発達史、日本経済史研究の中では豪農モデルとしての研究がテーマとなってきました。林金兵衛の活動と思想は地域の発展、振興に大きな影響を及ぼしました。晩年に勃発した、地租軽減嘆願運動への取り組みは、金兵衛の人間性の全てがさらけ出されたものでした。そして福澤諭吉との出会いは、金兵衛の生涯の集大成となる生き様を示す出来事となりました。

勤王の大義に生きる

　ＪＲ中央線名古屋駅から30分程でＪＲ春日井駅に到着します。大都名古屋のベッドタウンとして、駅周辺にはマンション群が林立しています。地域の人たちが通称「駅裏」(南側)と呼んでいる方向に降りて住宅地の路地を歩きますと、まだまだ畑地や水田があちらこちらに点在しています。この地域が古より広大な農作地帯であったことが、容易に想像できます。東側を庄内川が流れ、時折洪水に悩まされながらも水利の便は良く、肥沃な土地は村落の豊かさを生み出していました。この地域一帯を「和爾良」と称し、古代豪族和爾氏の系譜につながる地域でした。5、6世紀頃から条里制が敷かれ、開墾され美田良甫の地として発展してきた土地でした。駅から5分ほど歩いたところに金兵衛が生まれた上条城跡(建保6(1218)年、今

井四郎兼平の子孫男阪光善が築城)があります。上条城は自然堤に寄り添うようにして建てられ、場内には見晴台とよばれる小高い丘がある典型的な平城の建物でした。

上条城跡の屋敷(建物は現存せず：筆者撮影)

　林金兵衛は、文政8(1825)年1月1日上条城跡の屋敷で生まれました。幼名亀千代、字名重勝といい後に金兵衛を襲名しました。兄(重行)がいましたが、幼少より並はずれた頑強な体格、敏活な性質と、優れた統率力に非凡なものを感じていた父重郷は、何かと金兵衛に眼をかけ、密かに後継にすることを考え文武に励ませていました。

　幼少の金兵衛は「カメ、カメ」と呼ばれ、逞しくも腕白な少年でした。8歳の頃から名栗村(現春日井市熊野町)の神官富田主水の寺子屋に通い、国学、漢学、入木道を熱心に学びながら自我を形成して行きました。

　14歳の頃、徳川光圀編纂『大日本史』の中に、安寧天皇第三王子の血統を引き継ぐ林家の祖・今井四郎兼平が、木曾義仲の忠臣とし

て、天皇に弓を引く賊軍となったことに強い疑問をいだき、朝廷に対する叛臣であるとの記述について師主水に質問しました。これに対して主水は、「兼平は剛勇無比で事の理非分別をよくわきまえた人物である。二心を抱かないというのが武士の道であるからたとえ義仲が叛逆の将であっても最後まで純誠を捧げてその生を全うしたことは誠に義気にとんだ勇気ある立派な態度と言うべきである。不幸にして叛臣の汚名を受けたけれども誰がこの立派な行為を叛逆無道なものであると言って責めるでしょうか」と諭したのです。林家の誇りと、大義と忠義を尽くす尊皇、勤皇は、金兵衛の人格形成の柱になっていったと言えます。金兵衛にとって大義は朝命であり、尊皇、勤皇の大義名分は林家の家伝でもあり、金兵衛の生きる指針でもありました。多感な少年期における金兵衛の心は、「勤王の大義に生き家名を揚げること」が自らの生き方であるとの確信を得ることになっていきます。

　金兵衛 15 歳の時に詠んだ和歌が、人格形成の一端を物語っています。

　　　　学べたゞこのわざことは身を修め
　　　　　　国を治る武士（もののふ）の道

名望家林家の家督を継ぐ──尾張藩主徳川慶勝の篤い信頼──

　金兵衛が父重郷から家督を継いだのは嘉永 2 年(1849)、25 歳の時でした。父は「仙右衛門(重郷)の上条村か上条村の仙右衛門か」と言われるほどの人物で、藩の信頼も篤く、職務に忠勤な模範的村落指導者でした。近郷近在の村々への強い指導力と影響力をもつ地域のリーダーでした。金兵衛はそうした父の影響を受けつつも、そ

れにも優るとも劣らぬ力を発揮します。良く藩の命令に従い、直向きで、時には情熱さえ感じさせる態度で村落指導者としての職務を遂行していきました。中世以来続く由緒ある家柄と毛並みの良さ、一種のエリート臭さをもった村落指導者の像が想像できます。

慶応 4(1868)年、鳥羽伏見の戦いの戦火の中へ、皇居守護のため参戦しました。村落の有志 31 名とともに、自ら結成した義勇隊の隊長として赴きました。この行動は藩命によるものではありませんでした。金兵衛独自の意志決定でした。

この時、尾張藩は御三家筆頭の立場にありながら、藩内では尊皇派と佐幕派の両派に激しく対立し、藩の去就は混沌としていました。京都にいた藩主徳川慶勝は急遽帰名し、佐幕派の重臣以下家臣 14 名を斬刑にします。そして家老 3 名を含む 17 名に蟄居を命ずるという粛正が行われました(青松葉事件)。

金兵衛の行動は、藩が勤王であるとなしとにかかわらず、「勤王の大義に生きる」という自らの信念に基づいた行動でありました。「かねてから急変あらば一命を鴻毛の軽きに比し邦家朝廷の為に抛つ」覚悟をもっていた金兵衛にとっては、勤王の大義を果たす千載一遇の好機であったのかもしれません。

こうした純粋な義気に満ちたエネルギーを、藩主慶勝は見逃しませんでした。藩老田宮如雲(青松葉事件のときは尊皇派＝金鉄党の長老であった)が京都市中総取締役として藩兵を率いて京都へ赴くにあたり、金兵衛に隊の結成を命じてきたのです。この農兵隊は「草薙隊」と命名されました。金兵衛 44 歳の春のことでした。勤王の大義に奉公できる機会に恵まれた自らの運命に万感をもって職務に励み、「草薙隊」の隊長として、明治 4(1871)年まで時代の激動期を駆け抜けました。金兵衛の「純粋で一途」な性格と、「大義」を重

んずる信念が最も生き生きと具現化された時期であったといって
いいでしょう。

コラム　青松葉事件

　慶応4年1月3日、旧幕府勢力と薩摩・長州ら新政府軍との間で鳥羽伏見の戦いが勃発する。新政府軍は鳥羽・伏見の戦いで勝利し、同月7日に慶喜追討令を発出したが、尾張藩の国許においては、慶勝の子で現藩主（16代）の元千代（徳川義宣）を擁して旧幕府勢力を支援し、薩長と対決しようと在国家臣を扇動する動きがあった。この動きは在京の藩重臣にも伝達され、慶勝は田宮や附家老の成瀬正肥らと協議した結果、朝廷に対し帰国を願い出た。1月15日、朝廷は慶勝に対し「姦徒誅戮、近国ノ諸侯ヲ慫慂シ勤王の志ヲ奮発セシメ」るため、すなわち、交通の要衝にあたる尾張藩内の佐幕派勢力を粛清し、周辺諸侯を朝廷側につくよう説得するため、帰国を命じた。慶勝は1月20日に名古屋に帰城した。同日、家老・渡辺新左右衛門ら3名が斬罪となった。その後25日にかけて粛清が断行され、結果、計14名が斬罪。禁固・隠居に処せられた家臣は20名に及んだ。

　事件の真相は今日まで不明であるが、勅命の降下時に慶勝は病気で御所に参内しておらず、代わって田宮・成瀬らが岩倉具視に国情を伝え嘆願し、勅旨の内容についても熟議した形跡があること、事件で処罰された人物には「佐幕派」のみならず、尊攘派中の田宮らの政敵が含まれることなどから、彼らが岩倉と結託して、慶勝に圧力をかけた可能性が高いとの見方もある。幕末のこの時期、藩内は尊皇攘夷を唱える「金鉄組」、成瀬家と、佐幕的な立場を執る「ふいご党」、竹腰家とに分かれ、対立があった。そもそも尾張徳川家は、藩祖である徳川義直の時代から代々勤皇の家風であり、14代藩主に就任した徳川慶勝も尊皇攘夷の立場をとっていた。

義気と義憤の生涯 ——地租軽減嘆願運動——

　明治元(1868)年、王政復古が内外に布告されて明治新政府が誕生します。藩政はことごとく廃され、近代化構想が推し進められることになりました。金兵衛は、明治7(1874)年12月、県より第三大区区長(春日井郡郡長に相当する役職)に任命されます。維新の混乱期を経て徐々に生活の落ち着きを取り戻しつつあった頃でした。

　近代化を急ぐ新政府は財政的基盤を確立するための「地租改正事業」に着手し始めました。愛知県では明治8(1875)年より着手されますが、事業促進のために県令以下官員の総入れ替えがなされ、県令安場保和が着任することとなりました。春日井郡担当は荒木利貞という人物でした。この荒木による改正事業の進め方は、順序を無視した強引、横暴なやりかたであったため、純粋で実直な金兵衛の良心に激しい「義憤」の念を抱かせることとなりました。何よりも、新貢祖が旧貢祖に比べ大幅に増租していることに怒りをつのらせました。藩政時代から激動の時代を乗り越えてきた金兵衛達にとって、とても容認できるものではありませんでした。「このたびの改租について百姓の困りはて悲嘆にくれる有様は実に目も当てられない程である。このような惨状は旧領主の時代においても未だ見たことも聞いたこともない」と、やりきれない怒りをぶちまけています。

　金兵衛の胸中には、旧藩政時代にたいする懐古の念の一方で、幕末維新を通じて一貫して職務に忠実で模範的な村政の責任者として些かも「お上」に対して疑念を抱かず、そればかりか維新政府成立に際しては、農兵隊「草薙隊」を率いて勤王倒幕の一翼を担い貢献してきたという自負心があったことでしょう。それらが音を立てて崩れさって行く思いではなかったでしょうか。これまで新政府に対する少なからぬ期待と希望をもって、区長の公職に奉仕してきた

という誇らしい思いがあっただけに、新政府に対する失望と不信の念が複雑に交錯するのでした。

　50 歳を過ぎた今、生涯の大半を勤王奉公一筋に生きてきた自分が、天皇の政府に怒りを感ずるのは一体何だろうか。不平を言う農民が間違っているのか、それともそれを抑えようとする政府が間違っているのか……金兵衛は葛藤するのでした。かつて草薙隊の隊長として各地の百姓一揆の鎮圧にかけめぐり、確信に満ちた行動に明け暮れた自分の姿を思いながら苦悩する日々が続きます。金兵衛は思い悩んだ末に、明治 9(1876)年 5 月 11 日、春日井郡区長の職を辞する決意をします。そして地租改正で決められた地租の受け入れに反対し、地租軽減を嘆願する運動＝地租軽減嘆願運動に立ち上がる決意を固めます。

　このような金兵衛の決意を嘲笑うように、県当局の弾圧は容赦のないものでした。「この度県によって確定した収穫分賦書を請ければ良いがこれ以上異議を申し立てるようならそれは、官命にそむく朝敵であるから皇国の地に住むことを許さない、家族、老人、若者、男も女も村のものの全員を外国へ追放するがよいか」──このような県の圧力に、一村また一村と屈服していく村が続出しました。唯一、金兵衛の居村・和爾良村だけが断固闘う姿勢を示しました。あくまでも筋道を通す律儀な性格の金兵衛が、区長及び郡議員議長の公職を辞して事に臨んできた気迫と、新政府＝県当局による理不尽な改正事業の進め方に対する限りない怒り──これらを込めた訴えが、闘う姿勢を堅持させたのです。

　　　無知無学寄るへきかたはあらねども

　　　　心一つは男らしけれ

当時の金兵衛は、このように苦しい胸の内を歌っています。

　確固とした当てがあるわけではありませんでしたが、金兵衛は東京へ向かいます。頼れるのは、自らを信ずる「義気」一筋の精神だけでした。一抹の不安を抱きながらも明治 11(1878)年 2 月 6 日、東京神田小柳町(現在須崎町)の旅館三河屋を定宿として、嘆願の準備に取りかかることになりました。こうした金兵衛の直向きな闘う姿勢に共鳴して、やがて 43 ヶ村に及ぶ連帯の輪が作られて行くこととなります。

金兵衛の苦悩 ── 「進捗しない嘆願運動」──

　明治 12(1879)年 1 月 10 日、この日の東京は快晴でした。とはいえ寒気が肌に凍みる新春の街路を、毬栗頭に顎髭をたくわえ眼光鋭い六尺豊かな大柄の林金兵衛と羽織袴姿に正装した飯田重蔵、梶田喜左衛門が急かされるように早足で歩いていました。三名の後ろ姿は、何かに追い詰められた悲壮感さえ漂わせていました。

　明治新政府に対して少なからず貢租負担の軽減を期待していた農民達にとって、地租改正事業の施行は失望をもたらすものであり、きわめて不満なものでありました。そのため農民の抵抗・闘争が全国に広範囲に巻き起こる結果となっていったのです。

　3 名の男達は、愛知県春日井郡地租軽減嘆願運動の代表者達で、和爾良村(現春日井市上条町)代表の林金兵衛、下原新田村(現春日井市鳥居松町)代表の飯田重蔵、田楽村(現春日井市田楽町)代表の梶田喜左衛門でした。金兵衛等は、県当局の「鎌留め令」(対立を強行打開するため、一時、稲の刈り取りを中止させた)を始めとする「無理非道」な改正事業の遂行に、ひたすら「義憤」の念を抱いていました。思い悩んだ末、ついに直接東京地租改正局への出訴嘆願の行動

愛知県春日井郡地租軽減嘆願運動参加 43 ヶ村の増租税率一覧

村名	旧租額	新租額	増租額	増租率	
南外山	251.石193	300.石887	49.石694	119.8	(%)
北外山入鹿新田	96.641	183.693	87.052	190.1	
勝川	202.044	303.964	101.920	150.4	
勝川妙慶新田	11.314	24.976	13.662	220.8	
小牧	430.904	572.287	141.283	132.8	
三ッ淵	229.399	349.184	119.785	152.2	
小牧原新田	462.913	626.371	163.458	135.3	
西之島	118.249	198.685	80.436	168.0	
間々原新田	247.232	317.500	70.268	128.4	
岩　崎	287.493	434.403	146.913	151.1	
二重掘	219.624	273.632	54.008	124.6	
本　庄	218.881	307.323	88.442	140.4	
久保一色	388.282	509.438	121.156	131.2	
大手	154.291	178.133	23.842	115.4	
大手池新田	17.137	30.480	13.343	177.9	
上　末	260.935	344.101	83.166	131.9	
大泉寺新田	50.555	123.876	73.321	245.0	
田　楽	411.813	565.447	153.634	137.3	
大手西新田	2.962	5.277	2.315	178.2	
田楽新田	4.838	9.043	4.205	186.9	
牛　山	393.941	540.714	146.773	137.3	
下原新田	233.938	459.203	225.265	196.3	
下条原新田	48.454	102.298	53.844	211.1	
下津尾	6.159	37.167	31.008	603.5	
上中切	47.381	93.259	46.878	196.8	
南下原	151.964	202.286	50.322	133.1	
和爾良	631.479	883.032	251.553	139.8	
猪子石原	34.098	141.526	107.428	415.1	
今　村	124.330	286.548	162.218	230.5	
森孝新田	6.280	63.649	57.369	101.4	
高蔵寺	127.873	170.061	42.188	133.0	
吉　根	187.330	238.463	151.133	273.1	
下志段味	115.265	228.344	113.079	198.1	
下市場	78.787	249.351	170.564	316.5	
中志段味	67.501	185.988	118.487	275.5	
明　知	76.227	117.758	41.531	154.5	
神　屋	80.260	159.296	79.036	198.5	
坂　下	88.141	127.087	38.946	14.2	

出典:愛知縣・尾張國春日井全部・舊反別竝舊租額-改正反別竝新租額概略比較一覧表『東春日井郡農会史』303～313頁により算出作成.
注:六師・熊之庄・藤島・山田・小針己新田の各村については不明.

平均増租率153.8% $\left(\dfrac{新租額総計}{旧租額総計} \times 100 \right)$

におよんだのです。

　しかし、この東京での嘆願運動も1年近くが過ぎ去ろうとしていました。今回の出訴嘆願は6度目を数えるにいたっていました。そして、この日の嘆願に対する回答も、これまで同様「歎願の趣は採用なり難く候事」という冷酷なものでした。事態は一向に進捗する気配を見せないまま、時が過ぎていきました。

　　　　何ほどに非道の責めに逢ふとても
　　　　　　只一筋の義気はたへまじ

と歌った金兵衛の心情こそ、明治新政府が強制的、権力的に推し進めて行く近代化構想の遂行過程で悪戦苦闘し、もがき苦しむ農民の姿を代弁するものでした。

　ところで金兵衛は、義気一筋に春日井郡43ヶ村の農民を指導して奮闘する中、思わぬかたちで福澤諭吉と出会っています。この邂逅は、その後、局面を変える上で大きな意味を持つこととなります。

福澤諭吉との邂逅

　福澤諭吉と林金兵衛との出会いは、全くの偶然といってもよいものでした。地方から出てきた金兵衛にとって東京滞在は、いたずらに警戒心と用心深さを強めるばかりの日々でしたが、それでも、知り得る縁故者を頼って精力的に行動していました。そんなある日、定宿の主人石井与右衛門の口利きで、静岡県士族で元旗本の出である石川策と名乗る婦人に出会います。石川は福澤諭吉の縁類にあたる人で、金兵衛の事情を聞くと早速福澤への面会のために骨を折ってくれました。金兵衛としては、時の人であり著名な人物でもある福澤諭吉について、『学問のすゝめ』『民間雑誌』等を読んでいたこ

ともあり、多少の知識はもっていましたが、それでも、このような
形での突然の出会いに戸惑いを隠せませんでした。

　明治 11(1878)年 4 月 2 日、東京は雨の降る日でした。林金兵衛、飯
田重蔵、梶田喜左衛門の 3 名が福澤諭吉の三田の邸宅へ行き、福澤
と会談しました。案内は塾生の河野捨三が取り計らってくれました。

　「本日義塾へ行き大先生に拝面、段々名論承り第一徳を得候……
大先生は天下の論者なり」と、金兵衛はすっかり感服しています。
福澤は、「これは大変難しい願い事だから是非相談に乗ってあげた
いが、まだ政府へ書類を出さないうちにお会いすることは自分が尻
押ししているように思われてはまずい、まずは最初の願いをだした
上でお会いいたしましょう」と述べて、嘆願書の作成を社中の早矢
仕有的、穂積寅九郎、平尾東三に命ずるとともに、連絡一切を河野
捨三がやっていくように万全の配慮をしました。民意を広く人々に
理解させるためにはどのような手続きが必要か、民主主義の原理と
も言うべき事を細々と教授していることが伺えます。金兵衛は福澤
との出会いに明るいものを感じ、嘆願運動をさらに一歩前へと踏み
出しました。金兵衛は「大先生は天下の論者なり」と福澤を絶賛し、
啓蒙思想家福澤の一言一言を、新しい知識として吸収していったの
です。

　明治 12(1879)年 2 月までの約 1 年間に、17、8 回にも及ぶ福澤か
らの直接指導により、多くの思想的感化を受け、金兵衛の意識にも
変化が現れました。

　金兵衛は嫡男国太郎を交詢社社員として入会させます。さらに
「一身一家ヲ度外ニシ國事ヲ空論スヘカラス」との林家家憲十則(明
治 12 年 9 月 1 日制定)を新たに作るなど、常に福澤の影響下にあり
続けようとする金兵衛の姿が見えます。

命を賭した「天皇直訴」阻止

林国太郎交詢社社員証(林家所蔵)　　　林家家憲十則（林家所蔵）

　福澤は、嘆願運動で奔走する金兵衛達農民を全力で支援していきます。地租改正局総裁大隈重信、前副総裁前島密に書簡を送り、しきりに幹旋調停に努力しています。福澤の意図はあくまでも官民の衝突をさけて、なんとか妥協点を見つけたいとするところにありました。こうした官民調和を持論とする福澤の指導により、嘆願運動は粘り強く続けられます。

　しかし幾度となく嘆願書は差し戻され、その状況に 43 ヶ村村民の不満は頂点に達していきました。

　明治 11(1878)年 10 月 25 日、折しも北陸巡幸を終わり京都から名古屋に向かう明治天皇を迎えようと、午前 3 時頃から三階橋(現名古屋市北区矢田川に架かる橋)の堤通りに四方八方、「人民蟻ノ続クカ如ク」村民たちが続々と集結していました。天皇直訴の動きが金兵衛に伝えられます。金兵衛は、直訴阻止の対策に苦慮します。半生を勤王一筋の信念で生きてきた金兵衛にとっては至極自然な行動ですが、それだけでなく、数千人の村民と警備の巡査との衝突を危惧

現在の三階橋（名古屋市北区）

したものと思われます。もし衝突すれば、流血の惨事は免れません。そして多くの犠牲者、逮捕者を出してしまうことになるでしょう。そのことが頭の中を駆けめぐったのです。さらに金兵衛は混乱する頭の中で、福澤からの 10 月 15 日付書簡にあった「この機を失して再び破裂しては最早手の付けようはありません、なにとぞ堪忍に堪忍して治まりますよう祈っております」と一文も思い浮かべていました。この文面が重圧となって全身にのしかかってくるのを感じながら、金兵衛は急遽現場へ向かうべく人力車の手配をさせるのでした。

『書簡読み下し文』

秋冷の候益御清穆奉拝賀。陳ば更訂の一条も弥以志願の通りに相始候よし。先々御安心の御事に候。これを官民の喧嘩とすれば、民の方は既に十分の勝ちなり。勝て其勢に乗ずるは甚だ宜しからず、此際には能く能く事物の前後を考へ、唯目的をさへ達すれば、喧嘩は素より好む所にあらず。如何様にも術を尽して争論の端を避け候様御注意被成度、且今日となれば県庁にても、態と人民の不便利を悦ぶにもあらず、必ず穏に保護いたし呉候事に可有之間、只管庁に依頼して其好意を求める様御注意緊要の事と存候。人民官に接するの要は、之に恐怖するなく、之に無礼するなく、之に佞するなく、之を疎にするなく、近く交わりて相親しむに在るのみ。此度の一条もこれまでに参りしは実に上出来なり。此機を失して再び破裂しては最早手の付け様は有之間敷、何卒堪忍に堪忍して、治まり候様奉祈候。今朝も其筋の人物へ面会、様々話合いたし候事に御座候。尚至難の事情も候はゞ被仰下度存候。右申進度、早々頓首。

　　　　明治十一年十月十五日　　　　　　　福澤諭吉
　　　　林金兵衛様

福澤諭吉 10 月 15 日付書簡(林家所蔵)

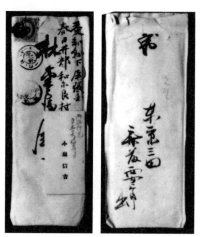

封書宛名書き・差出人名(林家所蔵)

　上の金兵衛宛封書には小泉信吉の名刺が付いています。巡幸に随行していた門下の小泉から金兵衛に送付されたものです。書簡の文面は福澤の筆跡によるものですが、封書の裏書きは「斉藤要三郎」と第三者を装う福澤一流の戦略的手法を使っています。状況が切迫していて機密性の高い事柄であることと、余談を許さない事態であることを認識した上での金兵衛宛書簡でした。福澤が尻押ししていることを内外に悟られないように、慎重で用心深い策をとったものと思われます。

　三階橋へ到着すると、そこには約 4～5,000 名ほどの村人の群れが、今にも橋を突破し渡ろうとしていました。金兵衛は、村民達の

前に立ちはだかり夢中で叫びました。「皆の衆、私の命と家財道具すべてを皆さんの抵当に入れます。何卒直訴はやめてください。私がもう一度上京して努力して参ります。もし失敗したときは私の命を取るなり家を焼くなり皆さんの気の済むようにしてください。」鬼気迫る叫びでした。殺気だった群衆はそれでも突き進もうとしましたが、金兵衛の必死の形相での説得に、ついに事態は暴発寸前で収まり、天皇直訴は阻止されました。

　この未発の天皇直訴騒動は、福澤にとっても金兵衛にとっても実に衝撃的な出来事でした。巡幸に随行していた大隈重信の耳にいち早くこの情報がもたらされると、金兵衛の直向きで、勇気ある行動に対して嘉賞品が贈られるという形で、思わぬところで評価される結果となりました。さらにこのことによって、大隈が県当局に紛争解決を促すことにもなりました。福澤の現実認識を踏まえた助言指導と、それを忠実に実践していった金兵衛の行動が、泥沼化しようとしていた事態をぎりぎりのところで沈静化したと言わなければなりません。

　他方、最早政府への出訴嘆願に成果のないことを察知した福澤は、12月中旬頃と推定されますが、門弟の高木怡荘と言論界で交際を通じて親交の深かった本山彦一を、熊本県出身の県官吏渡辺平四郎、長阪重孝のもとへ急遽むかわせ、具体的な斡旋案を提示し県令安場保和を動かす工作にでます。県令の安場も熊本県出身であることも読んだ行動であったか否かは定かではありませんが、少しでも条件の良い状況を作り出そうとする細かい配慮の現れとみてよいでしょう。さらに、県令安場の養子末喜は明治9(1876)年に慶應義塾に入門しており、この時は塾生として福澤に可愛がられています。その縁で安場自身も、福澤に時折食事に招かれたりする間柄でした。

人間関係、義理人情、心の機微にも訴える福澤のありとあらゆる手段を駆使した戦略が見て取れます。

急転直下の事態収拾

明治 12(1879)年 1 月 23 日、突然県の意向を受けて郡長天野佐兵衛と第一大区長吉田禄在が上京してきました。そして旧藩主徳川慶勝を仲介者として、調停案を示してきました。第一は 43 ヶ村に救援金 35,000 円を下賜する。第二は明治 14(1881)年に地租の「調査訂正」をする——この二つのことを約束するというものでした。金兵衛は、逡巡します。司法に訴えてでも徹底的に闘う気持ちもあった中で、かつて忠勤の誠を捧げた主君慶勝の仲介であることが、金兵衛の心に「ご迷惑をお掛けし、誠に申し訳ない」という気持ちを起こさせたのでしょう。

2 月 4 日慶勝邸にて「天野佐兵衛、吉田禄在、林金兵衛、飯田重蔵、梶田喜左衛門〆五名罷出候、御酒御膳頂戴」の中、調停案は承諾され、後日書面を取り交わすことで終わりました。福澤の行った県への調停工作の影響が現れたかのような幕引きでした。

他方、その 2 日前の 2 月 2 日付けで、高蔵寺村代表松本助十郎より金兵衛のもとへ「改組一件是迄委任候事相解キ候間、県庁江願戻ノ下書等相添申越し候、仍之此村ハ相省キ可申心得ナリ先々一ヶ村丈ノ事安堵罷在候」との書簡が届けられていました。高蔵寺村はこの運動から一切手を引きますという届けです。解決 2 日前の突然の戦線離脱宣言でした。この出来事は今日まで謎です。長い闘いは、経済的にも精神的にも各村の村民を疲弊させて行きました。解決の見通しの付かない状況に耐えきれなくなる村が出てきても、おかしくはありません。さらに第二第三の高蔵寺村が出てきてもおかしく

はない状況にあったことが想像されます。その意味で、まさに土壇場の決着であったといえます。

出会いは歴史を創り人は出会いによって事を成し遂げる

　大義、義気を貫いた林金兵衛について、桐原捨三(旧姓河野)は、『林金兵衛翁追憶略記』の中で「翁の風采が魁偉を極め堂々六尺に近き軀幹を有し眉秀でて眼光人を射るものあり鼻高く口締り鬚髯鬖々として威容自ら備わり言動苟もせず言えば必ず肺肝を砕き人を動かさざれば己まざるものあり一見直ちに佐倉の義民木内宗五郎も斯くやと許り推服を禁ぜざるものなり」と述べています。桐原捨三は、金兵衛が地租軽減嘆願のため東京に滞在した折に、彼を福澤諭吉に出会わせた慶應義塾生でした。そして福澤の指示で金兵衛の世話をし、金兵衛達の歎願運動の一部始終を見つめてきた人物でした。明治維新の功臣として金兵衛の養嫡子林小参が叙勲の請願をする際にも、桐原捨三が依頼されて一文を寄せています。

　金兵衛の言う「大義」とは、勤皇・尊皇でありました。これは絶対的に幼少の頃から金兵衛の身に染みついた考え方でした。朝命は金兵衛にとって絶対的正義でした。こうした意識形成の源泉は、幼・少年期においての水戸国学者・冨田主水との出会いでした。

尾張藩主徳川慶勝と側用人田宮如雲との出会い

　幕末維新の激動の時代は、林家と金兵衛にとっても大きな転換期でありました。旧家であり、歴代の名望家でもあった林家は、村落行政の指導者として、尾張藩の絶対的信頼を得ていた数少ない家柄でした。文久3(1863)年の雨の降りしきる夜に藩家老田宮如雲が来

訪したことは、それを物語っています。

如雲は藩屛の予備軍としての農兵隊結成の要請に、わざわざ来訪したと思われます。その際、如雲自作の漢詩を揮毫した掛け軸を持参していました。林家が代々藩に尽くしてきた功績を褒め称えるとともに、勤勉な模範的農民として村落振興に勤めていることを賞賛する内容のものでした。如雲は、藩主慶勝に最も信任の厚い側用人として、辣腕を振るっていました。

後の「青松葉事件」では、金鉄党の首領として藩主慶勝の意思決定に大きな影響を与えた人物です。金兵衛にとって藩主の命は、朝命に等しいものでした。

如雲来訪後、藩主慶勝からも慶勝直筆の「積善之家必有余慶」の

田宮如雲（桂園）
持参の掛け軸

掛け軸を賜っています。上条城跡の三余邸の書斎に掛け軸を掛け「余慶堂」と称し、雅号を積善斎と名乗ったほどでした。風雲急を告げるこの時代、慶応4年（1868）を起点として金兵衛はダイナミックに行動して行きます。田宮如雲の指揮のもと、金兵衛率いる農兵隊「草薙隊」は京都御所の警護の他、高山、韮山と各地を転戦して行きます。

政局は、尊皇攘夷か佐幕か、尊皇倒幕か佐幕か、攘夷か開国か、めまぐるしく変化して行きました。激動の時代の流れのなかで、藩内における慶勝の意思決定は、会津藩主松平容保、桑名藩主松平定敬兄弟が佐幕派であったにもかかわらず尊皇倒幕を勢いづかせ、「青松葉事件」がそれを決定付けました。徳川御三家の筆頭尾張藩が倒幕に荷担することによって、歴史が大きく動いていきました。

一方金兵衛は、大きな時代のうねりの中で政局に左右されることなく、ただひたすらに藩命(田宮如雲の指揮)と「尊皇」の大義名分一筋に忠義を全うし、その任務に奮闘していました。出会いは歴史を創り人は出会いによって事を成し遂げるという言葉がありますが、林金兵衛が地域に果たした役割を再評価することによって、人間・林金兵衛の実像がより真実に近づくのではないでしょうか。

　下の図は、金兵衛をとりまく人間関係を現す相関図です。ぶれない信念と一途な行動力は、出会った人々の心を動かし、「指導者」斯くあるべしということを歴史の教訓として現代の我々に問いかけているように思います。

人物相関図

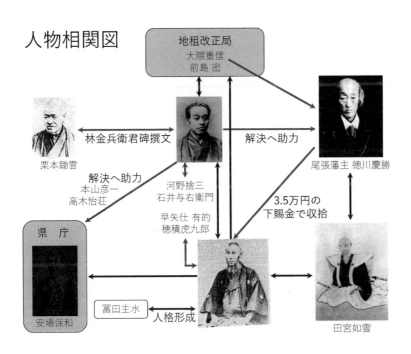

「林金兵衛君碑」でわかる林家と金兵衛の偉業

　29 ページの「林金兵衛君碑」をご覧ください。「君諱(いみな)重勝姓源氏…其先(先祖)出於木曾義仲今井兼平…」と撰文の後に功績を讃える漢詩があり、日付は明治 17 年甲申 2 月とあります。題額(「林金兵衛君碑」の文字)は、「従五位徳川義礼(あきら)」(慶勝の嫡養子)によります。碑文末尾に匏菴(ほうあん)栗本鯤(こん)とあります。匏菴は瓢箪庵の意で、栗本鋤雲(じょうん)の雅号です。鯤は字名(あざな、学者などの別名)です。鋤雲のことです。

　上から分かるように「撰」(撰文)は栗本鋤雲によるものです。栗本鋤雲(1822－1897)は幕末の幕臣で、外国奉行を務め、勘定奉行・箱館奉行組頭も兼務し、奥詰医師でもありました。大政奉還・幕府滅亡は留学中のフランスで聞いています。新政府からの誘いを受けますが、幕府に仕えた身として潔しとせず謝絶し、隠退します。以後、ジャーナリストとして活躍します(板垣退助は、報知毎日新聞主幹時代の部下)。福澤諭吉とは旧幕臣時代に会合で同席し、意気投合しています。この会合で勝海舟を「下がれ」と怒鳴ったと言うエピソードもあります。近代民法典の模範とされるナポレオン法典をわが国に初めて紹介したのも栗本鋤雲でした。慶応 3(1867)年のことです。福澤諭吉と同じ翻訳方をしていて、福澤とは本音で話せる関係でした。

　「撰」の次に「敬堂福岡欽崇書」とあります。敬堂は「号」、欽崇は「名」。敬堂福岡欽崇(1842－1921)は漢学者で、書を教授しました。書は世尊流の飯田一無に学びました。漢学は伊藤博文の師でもある佐藤牧山や伊藤鳳山に学んだ大物です。

　「撰」「書」の次に二字下げで小さく「高木徳兵衛鐫」とあります。

「鐫(せん)」はノミ・彫るの意味です。高木は飛騨の匠で、一流の彫師であったようです。

「歴史資料としての石碑」は①建碑の目的、②建碑の時期、③誰の手によって建碑されたか等を探求、考証することで重要な歴史資料となります。「石碑の価値」は、文章づくり、書の揮毫、文字の彫りで決まることを考えたときに、この「林金兵衛君碑」は名碑に入る石碑であるといえます。

林金兵衛君碑には「其祖先出木曾義仲臣今井兼平」のことが撰文に刻まれています。①先祖は木曾義仲の家臣今井四郎兼平、その孫

林金兵衛君碑(春日井市上条町)
拓本：川口一彦氏

男阪光善と改名し、後上条城を築城。②重之のとき林姓に改名し、帰農。③28世重勝金兵衛は総庄屋となり、尾張藩の信任厚く、地域に貢献。④明治元年藩老田宮如雲編成の草薙隊に参加、藩に貢献、廃藩後、戸長、区長歴任。⑤地租改正に際しては飯田重蔵、梶田喜左衛門らとともに嘆願運動。⑥三階橋に終結した農民達を身を挺して説得、明治天皇直訴を阻止。⑦元尾張藩主徳川義勝から3万5千円の救済金を受ける。後年地価更訂の約束を取り付け運動が終結。⑧明治13年に東春日井郡長就任。翌14年3月57歳で死去。⑨栗本鋤雲の金兵衛を讃える撰文・漢詩(「匏菴遺稿二」明治33年、所収)。⑩碑陰(石碑の裏側)に春日井郡四十二村代表　発起人総代　梶

田喜左衛門、飯田重蔵——以上が記されています。

　今井四郎兼平は寿永3(1184)年頼朝軍に追いつめられ、琵琶湖畔の粟津の戦いで木曾義仲とともに討ち死しました。享年32歳でした。近江八景のひとつ大津市晴嵐(せいらん)に兼平の墓があります。北橘村、木祖村、長野市、川中島にも兼平塚が伝わります。

　他方、多治見市諏訪町神田(旧小木村)にも今井兼平の慰霊碑が建っています。「塚碑」に今井兼平一族がこの地まで落ち延びて、隠れ住んだとあります。村内の諏訪神社へ奉納する「小木棒の手」は、その落ち武者が近隣の農民に教えた武芸と伝えられています。現在は無形文化財に指定されています。西の春日井市外之原にも、源平合戦の頃の「落ち武者」が住み着いた集落であったという伝説伝承があります。「塚碑」にはこう書かれています。「琵琶湖畔の粟津の戦いに敗れた木曾義仲の智将今井四郎義仲の一族は敗走の途中追討の手を逃れて山深いこの地に隠住し時至らば挙兵の夢もむなしく八百有余年の歴史と共にこの塚の奥深く今井一族の祖として今に伝わっています。昭和55年5月」。

木曽源氏今井四郎兼平塚碑
（筆者撮影）

今井家墓石群　　（筆者撮影）

今井一族墓石群や隠住の地碑は多治見市教育委員会によって建立されました。林重登(しげと、生没不明)は今井兼平から数えて14代目。その父林盛重の代まで上条城主でした。信長の支配下になり農民となりました。秀吉は、戦いを終えた後に取り壊す条件で上条城や吉田城を建てさせたため、それらは取り壊わされました。そこに重登が新たに屋敷を建てました。それ以降、林家の敷地は上条城跡内にあります。秀吉は、龍泉寺から兵を率いて少しの期間滞在した礼に、重登を総庄屋に指名しました。その後長く林家は代々庄屋を勤めました。

　慶長13(1608)年に伊奈忠次の巡検を補佐した礼に、林家は下街道沿いの土地をもらっています。林金兵衛重勝は28代目です。「林金兵衛君碑」は30代林小参重威が下街道に建てましたが、平成5年に上条城跡(金兵衛生家の場所)に移されています。

終生続いた福澤諭吉の支援　──開化していく金兵衛──

　福澤から地租軽減嘆願運動のあり方まで指南を受けた金兵衛は、明治13(1880)年1月に設立された交詢社(知識を交換し世務を諮詢する)の構想にかかわりました。日本初の実業家「社交クラブ」は慶應義塾出身者が中心でしたが、一般の加入者もありました。発足時の常議員選挙で選ばれた24名は錚々たる顔ぶれでした。福澤諭吉はもちろん、栗本鋤雲、石黒忠悳(軍医総監、貴族院勅撰議員)、林正明(啓蒙思想家、新聞社社長)、小幡篤次郎(「学問のすゝめ」初編の共著者)、箕作秋坪(蘭学者、啓蒙思想家、三叉学舎開設者)、西周(王政復古では徳川慶喜に近侍、近代哲学の父、明六社結成にも関わる)、由利公正(「五箇条の御誓文」起草に参画)などといった人々です。倒幕のための草薙隊を編成し、御所警護や鳥羽伏見の戦いなど

に赴いた金兵衛にとって、感慨深い出会いであったに違いありません。明治13(1880)年、「金拾六円　林金兵衛君外七名ヨリ寄附)」(『交詢社百年史』)との記録があります。明治14(1881)年3月1日に林金兵衛は満56歳で他界しますが、直後の4月、嫡子国太郎が交詢社に入会しました。そして明治15(1882)年12月、嘆願運動で共に上京した飯田重蔵ら5名が、名古屋での交詢社巡回で福澤諭吉に面会しています。前年10月には、「国会開設の勅諭」(明治14年政変)が出されており、交詢社も「交詢社憲法」を出すなど、国会開設の迫る時期でしたが、金兵衛は国政には関わらずにこの世を去りました。

疲弊した村落の再建
——明治12年『倹約示談』を42ケ村で実践——

　福澤諭吉は、長期にわたる運動によって疲弊した村落の再建についても指導しています。

　福澤が書いた「倹約示談原稿」と活版印刷された「尾張之国春日井郡四十二ヶ村　倹約示談　巳卯八月」は、明治12(1879)年に林金兵衛に送られたものです。50部印刷され、明治13(1880)年12月から5ヶ年間実施するというものです。

　見出しは「尾張国春日井郡和爾良村ヲ始メ合シテ四十二ヶ村倹約示談ノ箇条」とあり、「我春日井郡ニテ和爾良村始其外村々ノ者ハ去ル明治□(空白)年ヨリ地租改正ノ事ニ付不容易難渋ニ罹リ県庁ニ歎キ御本局ニ願ヒ東西奔走十百回ナルヲ知ラス遂ニ此度旧藩知事様ノ……※」

　活字の史料には「追々春暖の好時節…御帰県後も御多忙奉察。百事緒に就き候哉、御様子為御知被下度、且兼て御約束の倹約ケ条も、先達より草稿を起し、大略は出来候に付、尚一度拝眉、御話も致度、

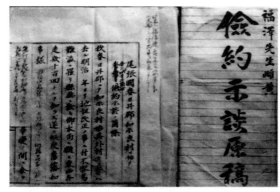

福澤諭吉が朱を入れた「倹約示談」原稿　　　活版印刷された冊子(林家所蔵)

御都合次第御自身にて御出京歟、又は其儀六つか敷ば誰にても一名御遣し被下度、ケ条に認るに至れば、又地方の習慣風俗をも不心得ては不叶義、何卒御目に掛り度事に御座候。右要用のみ申上度、早々如此御座候。拝具」と書かれています。

　「箇条」は林金兵衛が福澤諭吉に頼んで書いてもらったものと分かります。しかも「四十二ヶ村」に向けてのものであることもわかります。「林金兵衛梧下(ごか、梧＝あおぎり)」と敬意を込め丁寧な扱いをしています。地方の習慣風俗を知りたいのでお会いしたいと真剣に向き合ってくれています。

　「倹約示談」の趣意は、解決金残 35,000 円の使い方で、明治20(1887)年までは元利とも使うなという内容です。先に写した「原稿」の「……※」は不鮮明で読み取れませんでしたが、最後に添付された「印刷された」本で見ると、「……旧藩知事様ノ内輪御懇諭ヲ蒙り且改租ノ事ハ明治十四年ニ至レハ改訂可相成旨本県庁ヨリ御指令相成依之改租ノ苦情ハ事落着ニ至り候得共此事変ノ間ニ金ヲ失ヒタル高モ容易ナラス又コレカ為ニ寄合集会神仙ヘ祈願スルナトニテ大勢ノ者立騒キ此處ニ集り彼處ニ奔リ大切ナル月日を費シ

タル其手間ヲ金ニ積リタラハ如何ハカリノ損亡ナラン実ニ我村々ハ明治九年ヨリ十二年ノ今日ニ至ルマテ年々打続キ凶作飢饉ノ災難ニ逢ヒタルモノヨリモ尚甚シキ難渋ト申ス可キモノナリ……」と続きます。内容は概ね次のようなものです。

　今日の災難を救い、損亡を償うために、村民一同農業家業に精を出し、身代(財産のこと)を持ち直すには、精を出すだけでは足りず、奢侈があれば無益になってしまう。倹約の申し合わせを第一の事とせねばならない。これが「桶の底をふさぐ」という意味である。この申し合わせさえも無益になることがある。心得るべき一箇条には「舶来唐物」の事をあげる。この唐物の災難を防ぐために9箇条を定める。

　酒、煙草、菓子、缶詰、手遊遊具、西洋造の家、洋服、蝙蝠傘、靴…等の奢侈の事例を具体的に示し、第九条では、この示談の箇条は明治 12(1879)年 8 月から向 5 年間と定め、その時に重ねて評議すべきと書いています。この示談の申し合わせは、時節柄を考えると我村々日本国中で行えば、日本全国の会計を救うことになる。左右を顧みることなく、思い切って施行すべきである、と説いています。調印日は明治 12(1879)年 8 月です。5 年後の再検討は明治 17(1884)年 8 月とされています。

　この時の社会環境を見てみると、西南戦争の戦費調達のために発行した不換紙幣を回収し、インフレの根本原因解消を図る松方財政が、「松方デフレ」をもたらしました(明治 14 年の政変)。緊縮財政と歳入増加策で紙幣発行量が縮小し、明治 18(1885)年には兌換紙幣も発行され、銀本位制導入の基礎が作られました。しかし他方で、それは農産物価格の下落を招き、農村の窮乏を招くことになります。農村では農地が売却され、小作農や労働者層が増加しました。没落

自力更生のための結社
「自力社」社則冊子(林家所蔵)

農民が大量に生み出されます。しかし春日井の42ヶ村は、「四十二ヶ村倹約示談」の調印により、結果的にこの松方デフレを乗り切りました。

35,000円の解決金は伊藤銀行に金録公債として預けられ、これが各村の戸数に合わせ株式として分配されました。利子は7朱とし、これを元に「自力社」が運営されます。松方デフレと自由民権運動、国会開設運動の流れの中で、自力社が作られたことの意味は極めて大きいと言えるでしょう。その設立は明治17(1884)年6月、解散は明治26(1893)年10月7日です。福澤諭吉は「交詢社」の地方版として"結社"を薦めました。福澤の薦めた結社は政治結社ではなく、「地域再生」の性格をもった結社でした。「倹約示談」の原稿を書いたのもそのためであったとみられます。金兵衛からの書簡に書かれていた「自力社」の案を見て、福澤は「誠に結構な案だ」と評していました。自由民権運動と議会開設の運動は、明治22年2月の大日本帝国憲法の公布、明治23年7月の第1回総選挙、同年11月の第1回帝国議会で目的を達しますが、東春日井郡の「自力社」はその後も存続しました。明治22年末からの経済恐慌も乗り越えます。42ヶ村の村々総代を勤めたカリスマ的存在の林金兵衛が亡くなった後に「自立社」が設立され、長く存続しえたのは、各村々の総代の合議の組織としての役割があったからでしょう。個でもない、民間の結社が世の中を変えていく近代の仕組みに注目して、地方の春日井郡(東春日井郡)の自力更生の運動を、福澤は指導し続けました。

春日井郡の「地域再生」の鍵は、福澤諭吉の優れた先見性と戦略的指導に導かれた林金兵衛の誠実で真摯な行動力にあったことが解ります。「事件」が「暴発的」解決ではなく穏便な収拾となったことにより、福澤諭吉と林金兵衛の絆は強い信頼感で繋がっていくことになりました。疲弊した村落の再生は、その後も「一難去って又一難」という状況にありましたが、福澤は地域の面倒を最後まで見ています。

　明治11(1878)年4月2日、金兵衛は福澤と初対面したおりに、長時間にわたり指導を受けています。「名論承リ第一徳ヲ得候」と日記に記しています。この時期福澤は地方自治の異議を説いた『分権論』(明治10年11月)を出版したばかりでした。金兵衛は、福澤の言う全ての知識を新鮮なものと感じ、体内に新しいエネルギーが注入されるような思いで聞いていたに違いありません。

　公布された三新法(府県会規則、地方税規則、郡区町村編成法)に基づいて行われた明治12(1879)年3月26日の第一回愛知県議会議員選挙で、金兵衛は有権者数約4,800中3,790票得票で、トップ当選をしています。そして「自由派」という政派の中で何らかの新しい政治的気風、知識を身につけた議員等と議会活動をしていきます。「郡区吏員公選ニスヘキ建議」案の提出はその代表的なものでした。福澤が金兵衛等を地方自治の担い手として、期待をして啓蒙したことの現れです。福澤イズムが地方伝播していった一つの形と言ってもよいでしょう。

福澤と出会ったもう一人の農民：小川武平
印旛県長沼村の「長沼事件」のこと

　大正 7(1918)年 3 月、現千葉県成田市長沼に、福澤諭吉の貢献を
たたえる「長沼下戻記念碑」が建てられた。平成 10(1998)年 10 月
には**長沼下戻百周年記念碑**が建立され、事件を今に伝えている。こ
の碑に近接する公園の山上からは、長沼を一望できる。当地には福
澤通りや福澤こども記念館があり、築山には数々の石碑が建ってい
る。

　この地は江戸時代から、幕府に年貢を納め沼の占有権を得ており、
村の大半の農民が漁業で生計を立てていた。しかし明治 5 (1872)年、
周辺の 15 村が印旛県へ沼の官有地化を申請。長沼村の意見を聞かず
に、県がそれを独断で受け入れたことで係争が生じた。これを長沼
事件という。村を代表して小川武平が、利権の回復請願のために県
庁のある千葉町に行ったとき、夜店で『学問のすゝめ』を購入した。
この本が福澤諭吉との出会いとなった。武平は感銘を受け、福澤に
事件の収拾を托そうと上京。福澤は長沼村の利権回復運動に共鳴し、
請願文の文案作成を手伝い、県令や政府高官の西郷従道などに書簡
を送るなどして支援した。

　明治 9(1886)年 7 月、一応の解決を見るも、その
内容は沼を官有地とし、5 年ごとの契約で長沼村の
借地権を認めるというもの。長沼村はその後も長沼
の民有化を目指し運動を継続。福澤も主催する「時
事新報」などで村民を支え、明治 30(1897)年 3 月
に正式に無償払下げが許可され最終解決となる。一
連の経緯は、春日井郡の事件とも類似している。

小川武平
（石河幹明著
『福澤諭吉傳第二巻』
岩波書店より）

第一部のまとめにかえて ――金兵衛の死――

　人間は「棺を蓋いて事定まる」の諺のとおり、「林金兵衛」の生涯は死してなお、地域に多大な影響を残しました。金兵衛の動向を時系列にまとめてみてみると、地域のため、農民のために命を賭して活動していたことがよくわかります。

　金兵衛は、死の直前、自らの死が迫っていることを悟り辞世の句を詠んでいます。

　　　　天地に人たらざる時は

　　　　　　一心の外味方なし

　筆まめであった金兵衛は病状を細かく記しています。日誌によれば発病は、明治 13(1880)年 4 月頃となっています。この年 2 月には、春日井郡が東西二郡に分かれ、最初の東春日井郡長に就任し公務に忙殺される日々が続いていました。地租軽減嘆願運動の事後処理に追われる一方、明治 12(1879)年 3 月第一回通常県議会選挙で最高点当選をして県議として民政に尽くしていた金兵衛にとっては、全く休むことのできない毎日でした。日記の文面から見る限りまちがいなく「肺結核」の症状です。「脇腹脊柱」の痛みは、肺結核の感染初期に見られる肋膜近くにできた感染巣によるもので、通常の健康体であれば大多数は病気と診断されず治癒するものでした。しかし六尺豊かな大柄で頑強な身体をもちながら、金兵衛は諸般の事情が重なり、初期の病状を乗り切ることが出来ませんでした。心身ともに疲労し、衰えた金兵衛の身体を、新たな病巣は確実に蝕みはじめていました。さらに、一層死期を早めることになったのは、おりしも行われていた明治天皇の巡幸でした。巡幸の一行は、6 月30 日、金兵衛の行政地域である下街道(中山道に繋がる脇街道)を通

過する予定でした。郡長である金兵衛は、陣頭指揮をとり、その準備は微に入り細にわたって用意周到なものでした。特に下街道の内津～坂下は山間部で峻坂険路であったため、その沿道の調査には非常に神経をつかい、万難を排して事に当たらねばならないという状況でした。それでも金兵衛は、この天皇巡幸こそ「至誠を尽くして奉仕」する絶好の機会と考えていたに違いありません。生涯を勤王の大義に尽くしてきたことを考えれば、発病して間もない自らの一命と引き換えとなっても、甘んじて受け入れるに十分な出来事であったと言えるでしょう。

　大任をはたした約8ケ月後の明治14(1881)年3月1日午後10時、金兵衛は56年と2ケ月の生涯を終えました。辞世の句からは、勤王の大義を貫き、強い信念のもとに全力投球で生き、何ら恥じることのない自らの生涯に、大いなる満足感すら覚えているようにも思えます。「人に恥じる行いをすれば、自分以外は誰も味方してくれないが、そうでない時には多くの味方があるものである」と、義気と義憤に生きた金兵衛は、臨終の床でそうつぶやいたことでしょう。

第二部　福澤諭吉と林金兵衛
——地方名望家への期待

出会いのころ

　福澤諭吉は天保5年12月12日(1835年1月10日)に、大坂で生まれました。林金兵衛よりは10歳ほど年下になります。九州にある中津藩(現大分県中津市)の下士の次男として誕生しましたが、当時父百助は回米方という役職に就いていたので、大坂の蔵屋敷で生まれました。回米方とは本来は年貢として集めた米の換金を業務としていましたが、百助のころの実態は苦しい藩財政のやり繰りのために、大坂の豪商から借金をすることが主な任務でした。当時の殿様の名義で、百助が同役の2名と共に加島屋久右衛門から1000両以上の大金を借りた証文も何点か残っています。加島屋の屋号を持つ広岡家は、2015年度のNHKの連続テレビ小説「あさが来た」の白岡家のモデルになった家です。

　諭吉が生まれた日は、百助が長年欲しかった『上諭条例』という、中国の法令を編年体で記録した書籍を手に入れた、まさにその日だったので、書名から1文字とり諭吉と名付けたといわれています。不幸にも父は諭吉が1歳半で病没しますが、その後中津に戻った諭吉は、儒学を学びながら、兄の勧めで蘭学を学び始め、長崎、そして大坂の適塾を経て、藩命によって江戸の中津藩邸で蘭学を教えるようになります。適塾時代は、他の塾生たちと切磋琢磨しあい熱心に学びながらも、まさに青春を謳歌していました。その様子は、いきいきと『福翁自伝』に語られています。のちの回想ですので、少し眉唾なところもありますが、『鉄腕アトム』の生みの親手塚治虫の曽祖父とのエピソードなど、集団生活の若者たちならではの逸話も

残っています。

　江戸に出た後、幕末の３度の洋行を経て、明治という時代を迎えた福澤は、教育と文筆業に主軸を置く生活を始め、幕末から継続して出版した『西洋事情』(初編、外編、二編)や明治５年に初編を刊行した『学問のすゝめ』(全17編)によって、同時代人では知らない者がない思想家、教育者、ジャーナリストとして活躍するようになりました。

　林金兵衛と出会った明治11(1878)年ごろは、西南戦争の影響によって慶應義塾は塾生が減少した時期ではありましたが、まだ決定的な経営難には陥っておらず、前年の「旧藩情」や『分権論』(執筆は明治９年、刊行は10年)を通じて、地方自治のあり方に関心を寄せていた時期でした。

　一方第一部にある林の経歴を振り返れば、彼は近世社会においても近代社会においても、地方行政に役職者として関わっていました。強調しておくならば、そこには限定的であったとしても自治が存在します。彼は、近世から連続して、地方行政、地方自治を担い続けたといえます。これは福澤との関係、福澤の考え、そしてひいては日本の近代を考える上で、ひとつの着目すべき点であると思います。

春日井の地租改正と福澤諭吉

福澤諭吉の関与

　明治11(1878)年２月に嘆願のため上京した林金兵衛、飯田重蔵、梶田喜左右衛門は、前述のように３月９日に「地租改正ノ儀ニ付哀願書」、11日に同書に添える副書を内務省地租改正事務局へ提出します。そして滞在していた神田小柳町三河屋の主人石井与右衛門の斡旋によって、福澤諭吉と知り合います。

福澤諭吉はいくつかの旅日記を除き、残念ながら日記を残していません。しかし備忘録を兼ねた知友名簿があります。『福澤諭吉全集』に〔明治十年以降の知友名簿〕として掲載されているものに、「明治十一年四月二日地租の事に付来訪　尾張春日井郡和爾良村　林金兵衛　飯田重蔵　梶田喜左衛門」(『全集』第19巻 p.336)との記載があり、林たちが4月2日に福澤邸を訪ねたことがわかります。このときから、両者の交流が始まりました。

　福澤は日記の代わりにたくさんの手紙を残しました。この後の展開を福澤の手紙から眺めてみましょう。福澤は林たちと会った後、5月31日付で仲介役を務めた河野(のち桐原)捨三に宛て、林たちから受け取った反物や瀬戸物の贈品を彼等に返却して欲しいと書き送っています(『福澤諭吉書簡集』第2巻 pp.80〜1、以下『書簡集』)。ここだけを読むと、1度は引き受けたものの、彼らを後押しする気が失せて、代価は返却したいと言っているように思えます。しかし福澤はこの手紙で、自分は決して彼らを拒絶して相手にしないというのではない、ただただ物を貰っては私の気が済まないというまでのことであると述べています。付け届けがあろうがなかろうが、支援をするのは変わらない、礼をもらっては気が済まないというのです。すなわちそれだけ、支援は福澤の意志によるものであるといえます。河野に対して、林たちが誤解しないようにくれぐれもお願いすると述べています。そしてどうしてもというのなら、先日貰った漬物が好物なので、それが欲しいと書き添えています。贈品の返却は、決してこの問題に関わりたくないということを意味するのではない、と明言しているのです。

　そしてその後は、6月21日に大隈重信に宛て手紙をしたため(『書簡集』第2巻 pp.86〜7)、地租改正が実情を反映せず、不利益が生

じていることを告げて、内々に大隈の考えを尋ねています。福澤はこの手紙で「小生は敢て出願人に左祖するにあらず」と、わざわざ林たちの味方という訳ではないと述べています。福澤はなかなか戦略的です。ある人びとはこのような福澤の言葉を、自分に害が及ぶことがないように予防線を張っておく、保身主義であると批判します。しかし福澤の関与は義務や強制ではなく、あくまでも自発的なものですから、これは相手に中立であることをアピールして、できる限り本音を聞き出そうとする、福澤流のレトリックであると考える方が自然です。

　そして7月になると、18日付で地租改正局総裁大隈重信から、林たちの「本願」は当局において直ぐに聞き届けられるものではなく、手順をふんで進められていく。すなわち時間がかかると心得えなさいとの沙汰があり、林たちは一旦帰村し、9月21日に林は再び福澤邸を訪れることになります。

　もう少し、福澤の手紙によって結着までの推移を見ていきましょう。福澤が林金兵衛宛に発信した手紙は、現在8通が知られています。最も古い日付は、福澤邸再訪後の明治11年10月15日付(『書簡集』第2巻 pp.105〜6)です。その内容は、「更訂」すなわち地位再銓評が始まることになり、官民の喧嘩は民の「十分之勝」であるから、これ以上の争論の激化は避け、県庁も必ず人民を保護するので、「近く交りて相親しむ」ようにと説くものでした。この機を逃して再び「破裂」(大きな対立)を起こしたならば、最早手のつけ様がなくなってしまう、なにとぞ堪忍に堪忍を重ねて治まることを祈っていると、堪え忍び収拾させることを望んでいます。しかしこの手紙にあった再銓評は、西部農民の拒否にあって実現せず、東部43か村の農民の怒りはより激しくなっていきます。

林の日記によれば、それ以前から福澤は、県当局への働きかけとともに、林たちが地租改正局総裁の大隈に面会できるように労をとっていました。ちょうど福澤の門下生である小泉信吉が、天皇の巡幸に同行している大隈重信に随行していたので、林は10月18日に京都で小泉に福澤の私信を渡し、大隈との面会を果たしました。

　しかし、嘆願を却下され続ける農民たちは激昂し、第一部で述べられているように10月25日には巡幸中の天皇に直訴しようとして、林金兵衛が身を挺して鎮める一件が起こります。

　11月17日になると、福澤は内務少輔兼元老院議官で地租改正事務局三等出仕の前島密に手紙を出し、地租改正事務局の方針について尋ねています(『書簡集』第2巻pp.112〜3)。事務局としては不満を持つ人びとに対して、1)その願いを聞き届けはできないが、少しは色をつける、すなわち有利になるようにして請願を許そうとするのか、あるいは2)県庁やその他との関係を考えると譲歩することはできないので、「人民之破裂」すなわち人民が暴動を起こして自滅するのを待っているのか、はたまた3)成り行きに任せていても結局暴動は起こらないであろうと予想して安心しているのか、そのあたりの「御胸算」を内々に漏らしてほしいと述べています。この手紙でも福澤は「小生素より関り知る所ニあらず」「小生も程よく金兵衛其外之者を打払いたし度」と、そもそも自分が関係する問題ではない、自分も林金兵衛等と関係を断ちたいと思っているといった表現を使用するので、その及び腰や愚民観が指摘されます。しかし福澤は継続して林たちの支援を続けますし、前に述べたように何より自発的支援ですから、これも大隈重信宛の手紙同様、少しでも本音を聞き出そうとする、福澤流のレトリックと捉えた方がよいと思います。

12月になると、第一部で述べられているように県令の安場保和への接触が始まります。県の官吏が作成した安場への報告書「福澤諭吉の林金兵衛説諭の件に付報知」(『愛知県史　資料編28』2000年資料番号30)には、福澤の考えが次のようにまとめられています。

　これ以上嘆願をしても採用される可能性はなく、ゆえに林が村民を慰撫して、政府の命令を奉じながら、再度更訂される機会を待ち、その際に請願して公平な処分を仰ぐことが得策である。ただ43か村の農民たちの意を受けて東京にまで出て交渉を行ったのに、何の成果もなく帰村することはむずかしく、もしこのまま林たちが手ぶらで帰村したら、これまでに掛かった費用やこの間農業をなげうっていた代償が大きいので、村民たちの生活は困窮し、43か村、数千人の人民が激化し、腕力に訴え暴挙にでるということも考えられる。これは県の政治上「美事」ではない。事態を「安穏」に治めようとするのであれば、金銭的な救済が必要である。ただ単に金銭的に補助することは困難と思われるので、村民にもできることはすべて行わせた上で、しかるべき人物に依頼して「官民ノ中間」に立って周旋してもらう。これが福澤が考える第一策である。

　また第二策は、帰村して村民たちとの間に容易ならざる大事が起こることを避け、林はひとまず村民たちに対し政府の命令に従うのがよいと告げたうえで、東京でできる限りの尽力を続け、村民の心情が落ち着いてから帰村する。

　これらの福澤案に対し、県の官吏たちは前掲報告書の中で、第一策は43か村のみを特別扱いすることはむずかしく、また第二策では村民の間で不平が絶えず、将来の県政上に害となることも考えられると述べています。そして第二策を福澤から十分に説かしめ、未納の地租は若干の年賦にして猶予を与え、林たちの面目を保つのが

よいのではと意見を添えています。

　明治12(1879)年1月21日になって林金兵衛は、地租改正事務局総裁大隈重信の名義で、嘆願は聞き入れられないという沙汰を受け取ります。6回目の嘆願も失敗に終わって落胆した林は、実に以って政府は「人民保護」と口で唱えるばかりで、実際に取り組む「保護ノ道」を知らず「カナシムベク政事」であると日記に記しています。

　ところがその2日後に、春日井郡長天野佐兵衛と第一大区長吉田禄在が県の依頼で上京し、林と会談することになります。県当局による斡旋が始まり、29日には天野、吉田、林、林と共に上京していた飯田、梶田の5名が徳川慶勝邸に呼ばれ、旧藩主徳川家の家令、家扶が同席し、旧知事(旧藩主)徳川慶勝から「困苦に立ち至る様子を聞き、いかにも気の毒で心痛である、村民の養育方について自分も考えるところがあるので、家令らと相談するように」と告げられます。慶勝退席後に林たちに対して、十分な救済はむずかしいかもしれないが、どの程度補助があれば「永続」が可能かについて質問があり、こののち相談が重ねられ、結果徳川慶勝より救済金35000円が贈与されることになりました。また県庁からは明治14(1881)年から更訂を行う確約書を得て、遂に解決に至ります。林は日記に、2月6日に福澤に報告したところ「至極ノ事」と大層喜んで、大隈や前島に手紙で知らせると述べたと記しています。

　この件について、最近興味深いことに気づきました。前述の「福澤諭吉の林金兵衛説論の件に付報知」は、県の官吏である渡辺平四郎と長阪重孝が、福澤の門下生本山彦一と高木怡荘から聴取した情報です。ちょうど同時期の明治11(1878)年12月5日付と推定される、渋沢栄一宛の福澤の手紙が残っています(『書簡集』第2巻 p.122)。

そこでは高木怡荘を渋沢に紹介し、一度面会してやって欲しいと頼んでいます。高木は経済書をよく学んでいて、渋沢にあって少々尋ねたいことがあると書いていますが、報告書から推測すれば、ちょうど福澤の命を受けて林たちの嘆願の解決策に動いているときですので、渋沢もしかるべき人物候補だったのかもしれません。少し勘ぐってみたくなります。さらにその翌日には福澤は当時慶應義塾生であった県令安場保和の息子末喜に宛てて、福澤邸でともに朝食を食べてから、息子たちも一緒に猟に行こうと誘う手紙も書いています(『書簡集』第 2 巻 p.123)。

福澤諭吉の立場

　福澤の関わり方については、すでに述べたように、真剣に農民のことを考えているわけではなく、政府寄りで保身が先にたち、農民を愚民視しているなどの批判もあります。しかし彼は、官民で争うことは農民側にとっても利益はなく、協力して再度の更訂に至るのがよいと考えていました。政府内の体制や社会状況を考えたとき、運動が激化することは、要求を通すうえではむしろ障害となり、官民がバランスをとって政府の行政機能を維持することが、農民にとっても得策であると考えていました。

　地租改正の一件が結着をみたのち、明治 12 年 3 月 3 日付の林金兵衛宛の書簡(『書簡集』第 2 巻 pp.172〜3)では、第一部で取り上げた「倹約示談」について脱稿を知らせ、連絡を求めています。また 9 月 7 日付の書簡(『書簡集』第 2 巻 pp.246〜7)では、「倹約示談」活版印刷 50 部の送付を伝え、後述のように林たちが計画している結社名に「自存社」を提案しています。

福澤諭吉の意図
——なぜ林金兵衛たちの行動を支援したのか——

民と官の関係

　福澤はなぜ林金兵衛たちの行動を支援したのでしょうか。前掲明治11年10月15日付の林金兵衛宛の書簡で、彼は「人民」は「官」に対して、「之ニ恐怖するなく、之ニ無礼するなく、之に佞(ねい)するなく、之を疎ニするなく、近く交りて相親しむニ在るのミ」(『書簡集』第2巻 p.106)、すなわち恐れることなく、礼を欠くことなく、おもねることなく、疎んずることなく、交流し親しむべきであると主張します。

　福澤は、近代社会は個々人が主体となるべきであると考え、まずは「一身」から「一家」、そして「一国」へと展開すべきであると考えていました。初めに強靱な国家建設をめざし、その構成要素として適切である「一家」を描き、その「一家」にふさわしい「一身」のあり方、個人像を探ったわけではありません。重視されるべきは、「一身」すなわち個人なのです。

　彼は、政府は「一国衆人の名代なる者」としての役割を果たすべき存在であると主張しています(「中津留別の書」『福澤諭吉著作集』第10巻 pp.6〜7、以下『著作集』)。近代社会および国家では個人が最も尊重され、「一身」からはじまり、個人が主体的に社会を形成し、国家へと展開する。しかし一人ひとり顔かたちが違うように、考えも異なる。その中で、人びとの便不便、利害を調整して勧善懲悪の世を作るのが、人びとの「名代」である政府である。国の政治を取り扱うほど難しい仕事はないので、人びとは国君や官吏の給料が多いことを羨んではならず、尊敬をすべきである。一方で国君や官吏は、自分たちが給料に見合うだけの仕事をしているのか、常に

考え続けるべきであるといいます。「一身」から「一家」「一国」へと展開し、個人が重視される社会の形成を可能にする要件は、「民」とその代表者である「官」が良好な関係を築くことでした。

地方自治のあり方

　福澤は明治9(1876)年11月に「分権論」(『著作集』第7巻 pp.2～98)、明治10(1877)年5月に「旧藩情」(『著作集』第9巻 pp.2～30)をまとめ、中津の士族たちに写本を送っています。この両著では地方自治を取り上げています。

　特に「分権論」では、国権には「政権」(「ガーウルメント」)と「治権」(「アドミニストレーション」)があるといいます(『著作集』第7巻 pp.49～50)。政権は一般の法律を定めること、徴兵令を行って海陸軍の権を執ること、中央政府を支える租税を収めること、外国交際を処置して和戦の議を決すること、貨幣を造てその品位名目を定めるなどで、つまり立法や徴兵、徴税、外交、造幣等に関するもので、全国一般に及ぼして全国を「一様平面の如く」させる権力を指します。

　それに対し治権は、警察の法を設ける、道路、橋梁、堤防を営繕する、学校、社寺、遊園を作る、衛生の法を立てる、区入費を取り立てる等、それぞれの土地の便宜に従い、事物の順序を考慮してその地方に住居する人民の幸福を謀るもので、その土地その土地の状況を考慮する必要がある分野での権力であると述べます。

　明治10(1877)年の西南戦争前後の士族たちの不満や、政治体制の揺るぎのなかで、彼は民官双方にとって地方自治の確立が重要であると考えました。この時期の福澤は、健全な地方自治体制を形成し維持することを、近代日本必須の課題の一つと捉えていたといえます。

『通俗民権論』

　春日井の地租改正問題に関わっていたころに福澤が執筆していたのは、『通俗民権論』（『著作集』第 7 巻 pp.100〜139）です。林金兵衛と面会して 16 日後の明治 11(1878)年 4 月 18 日に執筆を開始し、6 月 18 日に脱稿、9 月に刊行に至りました。

　この本の中で彼は、民選議院設立建白書以降の自由民権運動およびその主張は、政権獲得が中心に据えられ、本来の民権の拡張に不熱心であると批判します。彼は、民権においては私権の拡張および治権の維持が重要であるといい、民はもしわからないことがあれば、政府に対しそれは「不審」であると主張し、詮索すればよい。政府と人民との間には、法律の約束もあり、出入差引の勘定もある。是等の事について理解が難しければ、遠慮なく「颯々」と詮索をすればよいまでのことである（『著作集』第 7 巻 p.105）といいます。そのために彼は、民は智力・財力・私徳・健康の 4 つの力を平均的に兼ね備えることが大切であると主張します（同前 p.137）。

　そして官と民が良好な関係を形成するには、民は官に対し、正当な要求を正当な方法で行うべきである。また互に自己を主張するとともに、歩み寄ることも大切である、官民間の協力と調和が重要であるといいます。

　さらにそのような関係を築くためには、彼はモデルが必要であると感じていました。

地方名望家の役割 ──林金兵衛への期待──

「先導者」としてのミドルクラス

　福澤は明治以降の、近世とは異なる新しい民と官の関係を形成するには、人びとの手本となる「先導者」が必要であると考えました。『学問のすゝめ』第5編（『著作集』第3巻 pp.55〜7）で福澤は、国の文明は「上政府」より起るわけではなく、「下小民」より生じるわけではない。必ずその「中間」より興るといいます。中間層が衆庶の向う所を示し、政府と並び立って、はじめて成功が期待できると述べ、「ミッヅルカラッス」の果たす役割について語ります。この第5編は、慶應義塾で学ぶ者に対しての演説が元になっています。当時塾生の中心をなすのは士族層でした。つまり士族たちへのメッセージであったともいえます。

　彼は士族には「我日本の社会中に存在してその運動を支配する一種の力」があるといいます。そして自分が「士族」と呼んでいるのは、必ずしも2本の刀をさして、家禄を有していた武家のみではない。医者であっても、儒者であっても、あるいは町人百姓でも、読書、武術等の一芸を究めようと志して、天下の事を心頭に置いている者を「士族」に含めて論じていると述べています。彼が士族という時には、そこには地方名望家も含まれていることがわかります（「分権論」『著作集』第7巻 p.7,p.48）。

　福澤は「徳教は耳より入らずして目より入る」（たとえば『著作集』第10巻 p.312）と主張します。つまり人びとはモラルなどの教えを、耳で聞いて学んでいくのではなく、目で見たものを模倣し学んでいくと考えました。ゆえに特に変革期には、良き手本が必要でした。

　福澤は先に述べたように、民と官との良好な関係が、近代社会および近代国家形成の鍵となると考えていました。その良好な関係、

すなわち近く交わって相親しみ、民は正当な要求を正当な方法で行い、官民が協力し、調和するといった関係を確立するためには、官に対する民のあるべき態度を、先に立って示すことが出来る人間が必要でした。

そうした進歩に必要な、手本となる「先導者」の役割を、福澤は地方名望家に期待していたのです。明治13年3月6日付で林金兵衛にあてた書簡(『書簡集』第2巻pp.333〜4)では、「郡長と為りて村民を撫育し」と、東春日井郡長として民に対する彼の働きに期待を寄せています。

ネットワークの核

また彼はミドルクラスに対しては、単に「先導者」としてだけではなく、新しい社会のネットワークの核になることも期待していました。明治12年9月7日付書簡(『書簡集』第2巻pp.246〜7)では、「結社の思召の由、至極の御事なるべし」「人は相談、相依て知恵も進み又事業の融通も付くものなれば、結社の御企は如何にも美事と可申」と、人びとが互いに相談し合い、知恵を寄せ合い、事業展開にもつながる結社、すなわちネットワークの形成を「美事」であるといい、林金兵衛が社を結ぶことを称賛しています。

この林の結社に対しては、名称として「独立して孤立せず人民世に在て自から存する」に由来する「自存社」を提案しています。これはまさに福澤の近代社会構想を表す言葉といえます。

また、明治13(1880)年1月に発足する交詢社に、林自身の入社、そして春日井地方の人びとへの入社勧誘を依頼しています(明治12年10月11日付・11月10日付林金兵衛宛書簡、『書簡集』第2巻p.262,p.282)。交詢社は、イギリスの紳士クラブをモデルに作られ

た集まりで、第1には世務諮詢と都鄙間の情報格差の是正、第2には情報の信憑性の担保、第3には新たな帰属意識の共有を目的としていました。

　幕末から明治にかけての政治経済状況の変化の中で、情報のあり方は質量ともに大きく変化していきました。人びとは西洋からの新しい情報を求め、都鄙のインフラの格差が情報の格差を生んでいきました。交詢社は講演会や雑誌の活用によりその格差を是正し、以前は藩が担っていた信憑性の担保も行いました（『交詢社百年史』pp.54〜56）。また人びとが失った近世封建社会におけるアイデンティティに代わり、新たな精神的支えとなる組織でもありました。すなわち、明治以降の社会形成の基礎となる「一身独立」を補助する組織として形成されたものといえます。林への働きかけから、こうした新しいネットワークの形成および拡充の核としても、地方名望家が果たす役割に期待していたと指摘することができます。

家産の維持

　前掲「尾張国春日井郡和爾良村ヲ始メ合シテ四十二ケ村倹約示談の箇条」で、福澤は個人の経済行為を国の独立に結びつけて説いていました。特に地方名望家のまとまった資産については、有効に使われるべきであると考えていたといえます。明治になって遅れて資本主義社会に参画することになった日本にとって、経済を支える資本の確保は必須の課題でした。明治12年10月15日付の林金兵衛宛の手紙（『書簡集』第2巻 p.270）では、証書買入資金の送金方法を伝え、丸家銀行への加入も勧めています。福澤にとって、地方名望家の家産維持は、日本経済の基盤形成に関わる問題でした。

第二部のおわりに

　近代社会そして国家がいかに形成され、維持されるべきであるかを考えた時、「一身独立」から「一家独立」を経て、「一国独立」へとつながる展開は、福澤諭吉の構想の根幹をなすものでした。何よりも「一身」が重視されなければならず、ゆえに私権の拡張や治権の確立、官民調和は、福澤の近代社会構想、そして近代国家構想の必須要件であったといえます。福澤は、『福澤全集緒言』の中で「分権論、民権論、国権論、時事小言の如きは、官民調和の必要を根本にして間接直接に綴りたるものなり」(『著作集』第 12 巻 p.497)と述べています。

　そして私権の拡張や治権の確立、官民調和のためには、地方において、人びとが自らの権利について、政府に対し正当に主張できることが重要でした。そのときに求められるのは、先導者の役割を果たす人びとです。林金兵衛への支援は、そうした彼の近代社会および国家構想との強い関わりが指摘できます。

　ただ福澤は多分に戦略的で、福澤流のレトリックを使い、それが時に彼の行動の解釈に誤解を生んでいると思います。本書の例でいえば、林金兵衛たちに対し、自分に都合よく利用し、保身のためには切り捨てようとしたというような解釈です。

　福澤から林金兵衛への現存する最後の手紙は、近況を報じ時折の出京を促したものです(明治 13 年 8 月 12 日付『書簡集』第 3 巻 pp.20〜1)。郡務に多忙であろうが、(立場上まさに多忙でなくてはならないが)、「人」のために尽くしてほしいと述べ、「久しく地方に居ては大に時勢に後る」ので、要用の有無に拘わらず、時折は出京して時勢の情報を得ることを勧めています。ここにも、地方名望家としての林金兵衛への期待を読み取ることができます。そして福澤

の期待通り、こうした地方名望家の存在こそが、明治維新期の急速
な社会変化を可能にしたといえると思います。

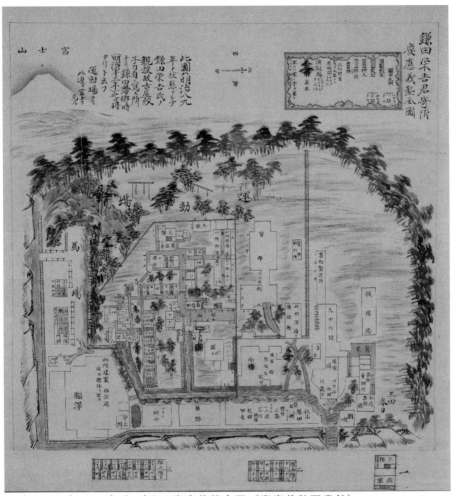

明治8、9（1875,6）年ごろの慶應義塾全図（慶應義塾図書館）
左下に福澤邸が見える。「西洋造」とあるが、入居後不便を感じ、
日本風に改装していったという

《参考文献》

河地　清『福沢諭吉の農民観──春日井郡地租改正反対運動──』日本経済評論社、1999 年

河地　清「春日井郡四十三ヶ村　地租改正反対運動と官民調和」（『福澤諭吉年鑑』31、福澤諭吉協会、所収)2004 年

城山三郎『冬の派閥』新潮社、1982 年

津田翁助編『贈従五位林金兵衛翁』贈従五位林金兵衛翁顕彰会、1925 年

秦　達之『尾張藩草莽隊　戊辰戦争と尾張藩の明治維新　』風媒社、2018 年

「地租改正二付困難之余リ政府江歎願之始末手控記」（『春日井市史　資料編』1973 年、第四編　林家日記(地租改正)所収)

「地租改正二付東京行日誌」第一番、第二番、第三番、第四番、第五番(同上市史)

『交詢社百年史』交詢社、1983 年

『福澤諭吉全集』(再版)全 21 巻＋別巻、岩波書店、1969〜71 年

『福澤諭吉書簡集』全 9 巻、岩波書店、2001〜3 年

『福澤諭吉著作集』全 12 巻、慶應義塾大学出版会、2002〜3 年

https://ja.wikipedia.org/w/index.php?title= 青松葉事件 &oldid=81169598(2021 年 8 月 14 日閲覧)

《図版、写真引用文献》

安場保吉編『豪傑・無私の政治家安場保和伝 1835-99』藤原書店、2006 年

小野寺龍太『大筋を堅持した亡国の遺臣栗本鋤雲』ミネルヴァ書房、2010 年

河合　敦『殿様は「明治」をどう生きたのか』洋泉社、2014 年

河地 清（かわち きよし）

1943年愛知県春日井市生まれ。1970年名城大学商学研究科修士課程修了。2002年商学博士（名城大学）学位取得。名古屋学院大学大学院経済経営研究科非常勤講師（経営論理思考）を経て、現在、修文大学非常勤講師（食糧経済学、マーケティング論）。日本産業科学学会会員。福沢諭吉協会会員。「ふるさと春日井学」研究フォーラム会長。春日井市市民展覧会審査会員（書）。春日井市美術協会理事（書）。
著書に『東海市史　通史編（近代）』（共編著、東海市史編纂委員会、1990年）、『福沢諭吉の農民観—春日井郡地租改正反対運動—』（日本経済評論社、1999年）、『小野道風の風景　シリーズふるさと春日井学1』（三恵社、2020年）。

西澤 直子（にしざわ なおこ）

1961年東京生まれ。1986年慶應義塾大学大学院文学研究科修士課程を修了後、福澤研究センターに勤務。現在、同センター教授。研究テーマは福澤諭吉の女性論・家族論および中津を中心とした士族社会論。『福澤諭吉書簡集』（全9巻、岩波書店、2001〜3年）、『福澤諭吉著作集』第10巻（慶應義塾大学出版会、2003年）、『福澤諭吉事典』（慶應義塾、2010年）で編者を務める。単著に『福澤諭吉とフリーラヴ』（慶應義塾大学出版会、2014年）、『福澤諭吉と女性』（慶應義塾大学出版会、2011年）。

シリーズ ふるさと春日井学4　ふるさと春日井の近代化風景

福澤諭吉と林金兵衛
近代化構想と地方の苦悩

2022年10月1日発行

著　　　者　河地 清、西澤 直子

発　行　所　株式会社 三恵社
　　　　　　〒462-0056　愛知県名古屋市北区中丸町2-24-1
　　　　　　TEL.052-915-5211　　FAX.052-915-5019

ISBN 978-4-86693-540-9　C0021

　　　　　　　表紙画像：慶應義塾福澤研究センター提供、『贈従五位林金兵衛翁』より引用